空间立体感知能力有效提升

天才数学秘籍

[日] 石川久雄 著　日本认知工学 编　卓扬 译

描点法，
让孩子赢在图形
认知的起跑线上
（神童级）

适用于
小学全年段

山东人民出版社

国家一级出版社 全国百佳图书出版单位

图书在版编目（CIP）数据

天才数学秘籍. 描点法，让孩子赢在图形认知的起跑
线上（神童级）/（日）石川久雄著 ；日本认知工学编 ；
卓扬译. -- 济南 ：山东人民出版社，2022.11
　ISBN 978-7-209-14029-4

Ⅰ. ①天… Ⅱ. ①石… ②日… ③卓… Ⅲ. ①数学—少儿读物 Ⅳ. ①O1-49

中国版本图书馆CIP数据核字(2022)第174481号

「天才ドリル 立体図形が得意になる点描写 【神童レベル】」（認知工学）

山东省版权局著作权合同登记号　图字：15-2022-146

天才数学秘籍·描点法，让孩子赢在图形认知的起跑线上（神童级）
TIANCAI SHUXUE MIJI MIAODIANFA, RANG HAIZI YINGZAI TUXING RENZHI DE QIPAOXIAN SHANG
（SHENTONGJI）

[日] 石川久雄 著　　日本认知工学 编　　卓扬 译

主管单位　山东出版传媒股份有限公司
出版发行　山东人民出版社
出 版 人　胡长青
社　　址　济南市市中区舜耕路517号
邮　　编　250003
电　　话　总编室 (0531) 82098914
　　　　　　市场部 (0531) 82098027
网　　址　http://www.sd-book.com.cn
印　　装　固安兰星球彩色印刷有限公司
经　　销　新华书店
规　　格　24开（182mm×210mm）
印　　张　4.75
字　　数　20千字
版　　次　2022年11月第1版
印　　次　2022年11月第1次
ISBN　978-7-209-14029-4
定　　价　380.00元（全10册）
　　　　　　如有印装质量问题，请与出版社总编室联系调换。

目 录

致本书读者

■ 立体图形是许多学生的弱项

《描点法，让孩子赢在图形认知的起跑线上》一书的出版，受到众多读者的欢迎，我们也欣喜地收到了这样的反馈：

"孩子的注意力变得集中了。"

"在轻松的学习氛围中，提高了空间立体感知能力。"

"与其说在学习，不如说是在玩。"

我们感谢这些读者对本书的信任和支持，同时，也再次发现——立体图形是许多学生的弱项。

立体图形感知能力，通过努力练习是可以掌握和提升的。

为了回馈读者们的期待，我们在前书的基础上提升了难度，让本书与大家及时地见面。

本书由"前作的问题复习（初级篇到天才篇）"＋"新内容的镜面·轴对称问题（神童篇）"这两部分组成。已经完成前作挑战的小读者，可以和之前一样，在边玩边学中进行一系列的进阶挑战。对于本书的新读者，我们建议你打起十二分的精神，认真对待各项挑战的"热身动作"，从而提升图形感知能力。

■ 描点画图有这样的效果

"描点法"的效果，我们在前书中有详细的说明，现在再来强调一次。

简单来说，描点法画图就是在格点页面上连接一个个点，模仿示范图的样子画出同样的图形。当然，这并不是单纯的图形临摹。通过不断训练还可以达到以下效果：

①培养立体图形的感知力；

②画图时连接点与点的过程，也是一种控笔运笔练习；

③通过记忆图形的位置和形状，训练孩子的短期记忆能力；

④通过临摹复杂图形的练习，减少做题中的低级计算错误和抄写错误。

本书以平面的方式展示立体图形，同时，在实际操作中，也会以立体图形的展开图来帮助学生理解。如果孩子仍然疑惑不解，家长还可以利用书本最后附带的展开图，额外购买纸或黏土等材料，和孩子一起做立体图形的模型。

"平面示意图或展开图"→"在脑海中产生印象"→"具体的立体图形模型"→"平面示意图或展开图"，重复这样的循环练习，大部分孩子就能掌握立体图形了。这也被认为是培养空间立体感知能力的最快方法。

■正确、耐心地临摹很重要

对于本书中的每个问题，都设置了相应的目标时间。但是大家需要记住，最重要的依旧是"正确"临摹。在达成正确的目标之后，我们再向下一个目标——"正确快速"前进。

值得注意的是，在"天才篇"部分会涉及一些"思维拓展"这一难度的内容。如果是五年级以下的学生，可以不掌握这部分内容，看一看"描点法"思路的答案，学着临摹一下图形就可以了。此外，像正方体的截面问题，我们认为与其看理论文字说明，不如拿出笔画一次图，更能有直观的感受。如果孩子在感知层面都很难接受的话，教授理论更是吃力不讨好。

当难度升级，遇到需要在脑中转动立体图形方向、变换视角观察图形等问题的时候，成年人也未必觉得简单。

这是学霸级的问题了吧？家长们可别这么想。当孩子遇到想不明白的问题时，可以学一学美术生练习素描的劲头，耐心认真地反复临摹吧。

※虽然立体图形的镜面·轴对称问题并不在小学数学的教学范围内，但它所涵盖的知识点涉及提升立体图形感知能力，对于参加初中入学考试的孩子是有所帮助的。同时，也有利于孩子对镜像问题和天体方位的理解。

本书使用指南

1 请在问题的右侧解题区域正确临摹出图形。描点画图的基础是连接点和点。请多多练习，尽量达到不使用尺子也能画出直线的水平。

2 如何判断正确与错误：
①　线条端点是否与格点重合；
②　实线与虚线是否正确区分。
如果以上两点皆为正确，那么即使在画图过程中线条略微弯曲，解答也为正确。因为要求过于严格，反而会打击孩子的学习热情。此外，假设图形临摹正确，但上下左右位置出现偏移，那么对解答的判断为错误。

3 解题请让孩子本人来，家长不要越俎代庖，做一名帮手就可以了。如果孩子对现实生活中的立体图形产生兴趣，家长可以向孩子展示身边的立体图形（骰子或纸巾盒等等）。

4 学习是一件循序渐进的事情，请不要一口气做许多题目，一天的练习量最好不要超过 5 页。本书可以用在数学学习的前期以及数学作业的中期，作为一道"甜品"来食用。

5 请家长在第一时间判断解答是否正确，并给孩子及时进行反馈和改正，这有助于保持他们的学习动力。

例题 请对照下图，在右页画出同样的图形。

问题 正方体

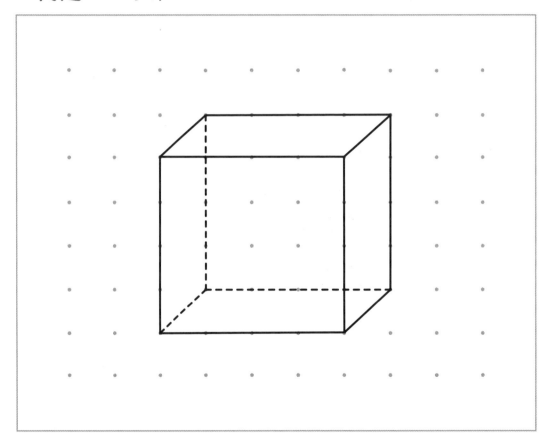

注意

- 点与点之间要正确连接。
- 不使用尺子，画出直线吧。
- 临摹时，图形上下左右的位置方向也要保证一样哦。

解答举例

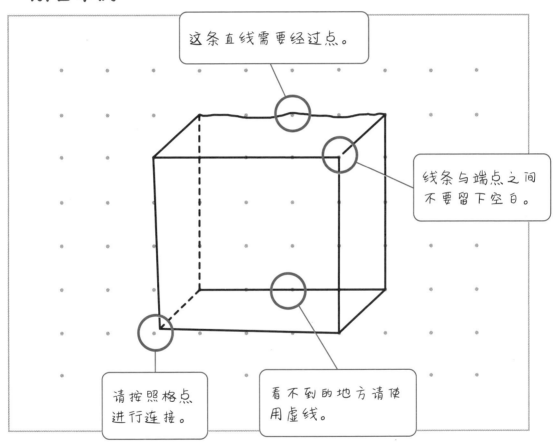

这条直线需要经过点。

线条与端点之间不要留下空白。

请按照格点进行连接。

看不到的地方请使用虚线。

请对照下图，在右页画出同样的图形。
如果你有自信，就在 1 分钟内记牢吧。
临摹的时候，可不能再翻回来看了哦。

问题　1 个正方体

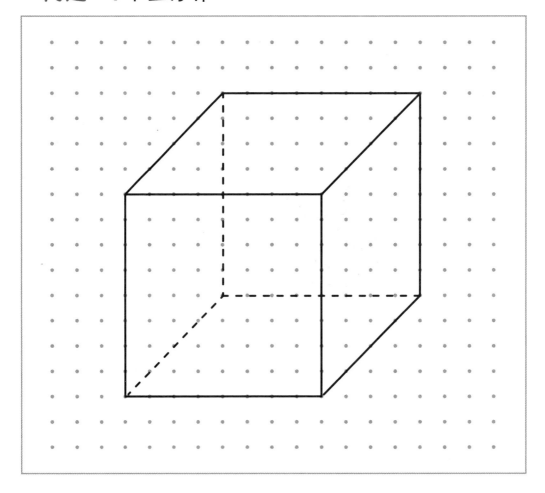

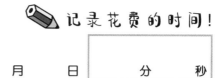

解答栏

你画对了吗?

请对照下图，在右页画出同样的图形。
如果你有自信，就在 1 分钟内记牢吧。
临摹的时候，可不能再翻回来看了哦。

问题　2 个正方体

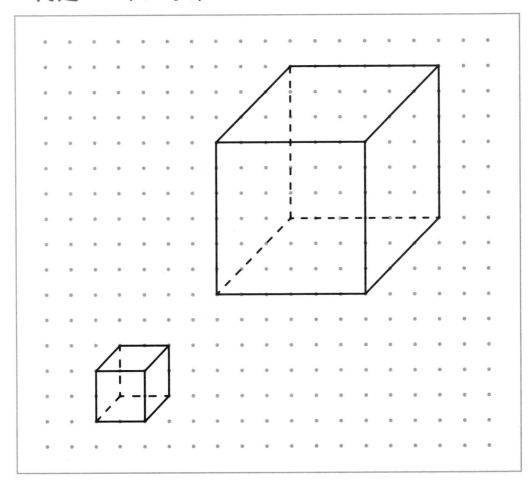

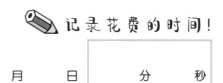
解答栏

你画对了吗?

15

请对照下图，在右页画出同样的图形。
如果你有自信，就在 1 分钟内记牢吧。
临摹的时候，可不能再翻回来看了哦。

问题　3 个正方体

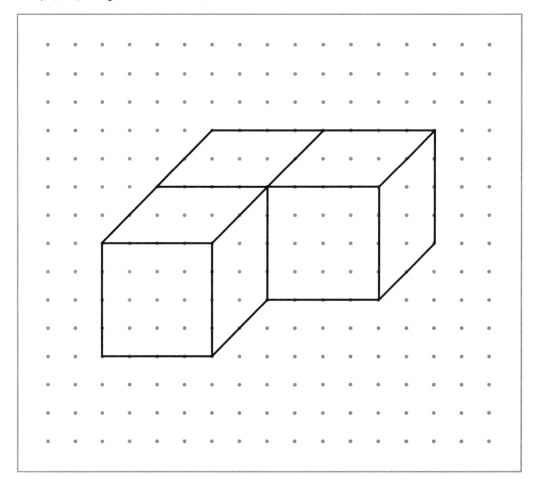

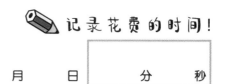

記录花费的时间!

| 月 | 日 | 分 | 秒 |

2 分钟内完成 合格 1 分钟内完成 天才

解答栏

你画对了吗?

17

请对照下图，在右页画出同样的图形。
如果你有自信，就在 1 分钟内记牢吧。
临摹的时候，可不能再翻回来看了哦。

问题 4个正方体①

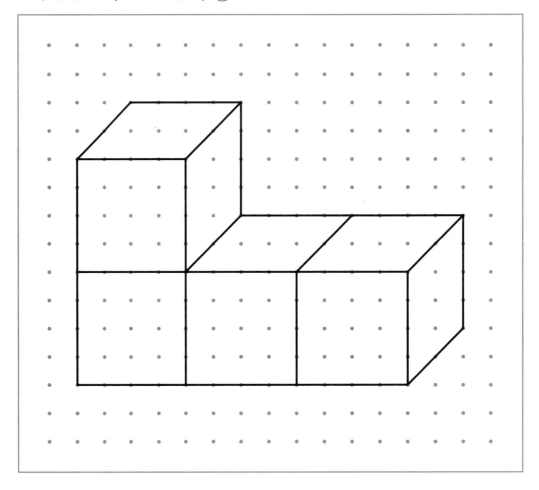

解答栏

你画对了吗？

初级
5

请对照下图，在右页画出同样的图形。
如果你有自信，就在 1 分钟内记牢吧。
临摹的时候，可不能再翻回来看了哦。

问题　4 个正方体②

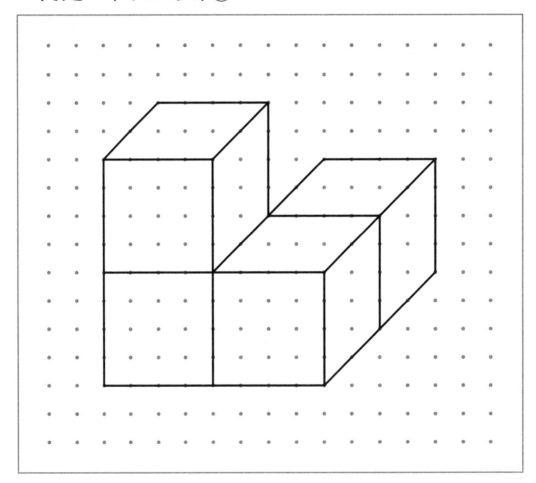

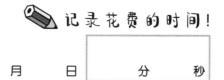
记录花费的时间!

月	日	分	秒

2 分钟内完成 合格 / 1 分钟内完成 天才

解答栏

别着急,细心最重要!

初级 6

请对照下图，在右页画出同样的图形。
如果你有自信，就在 1 分钟内记牢吧。
临摹的时候，可不能再翻回来看了哦。

问题　5 个正方体

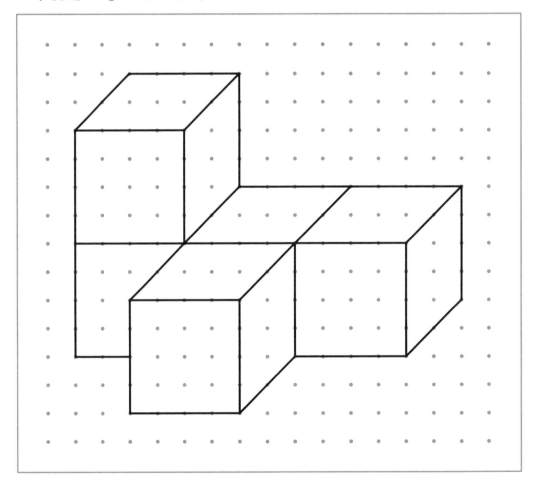

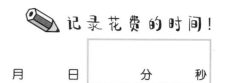

记录花费的时间！

月　　日　　分　　秒

2分钟内完成 合格 1分钟内完成 天才

解答栏

准备好，我们要挑战中级篇啦！

23

请对照下图，在右页画出同样的图形。

问题　三棱柱

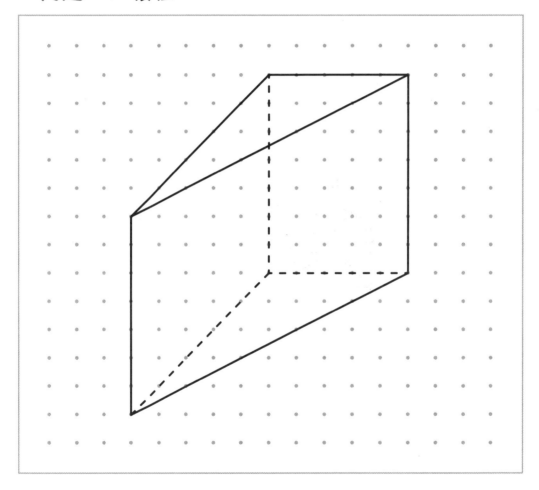

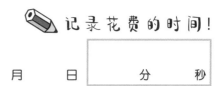

解答栏

你画对了吗？

请对照下图，在右页画出同样的图形。

（※ 展开图位于第 111 页。）

问题 六棱柱

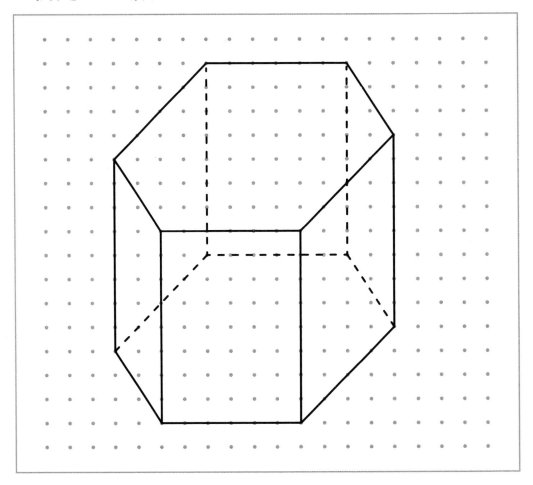

记录花费的时间！

月	日	分	秒

3分钟内完成 合格 2分钟内完成 天才

解答栏

画斜线时需要更有耐心哦！

请对照下图，在右页画出同样的图形。

问题　三棱锥

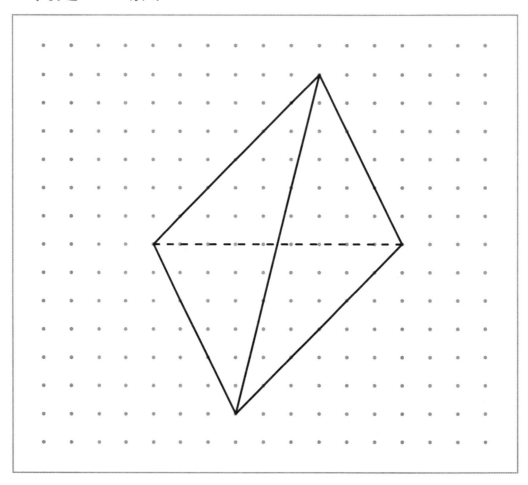

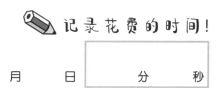

记录花费的时间!

月	日	分	秒

3 分钟内完成 合格   2 分钟内完成 天才

解答栏

你画对了吗?

中级
4

请对照下图，在右页画出同样的图形。

问题　四棱锥

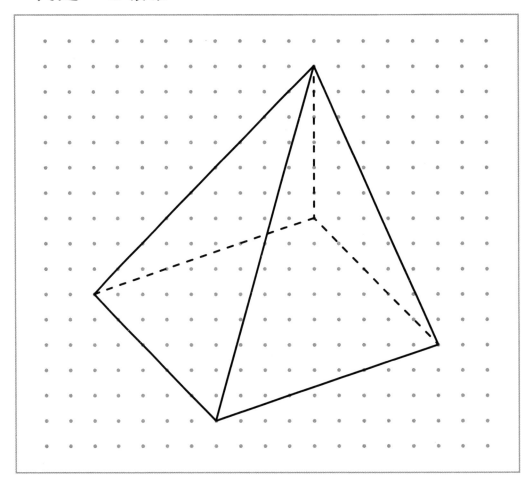

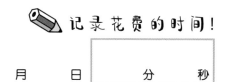

月	日	分	秒

3分钟内完成 合格 2分钟内完成 天才

解答栏

你画对了吗?

请对照下图，在右页画出同样的图形。

问题　五棱锥

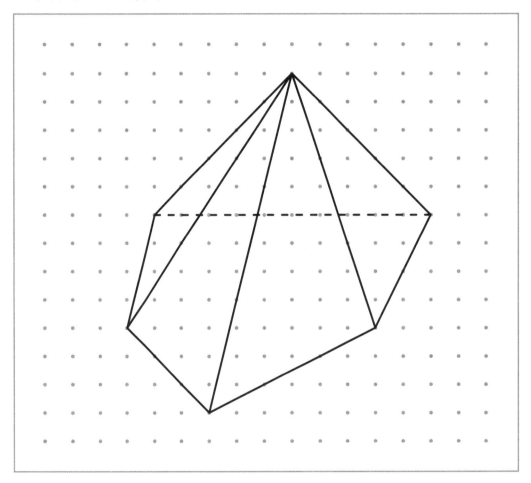

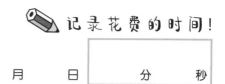

解答栏

你画对了吗？

请对照下图，在右页画出同样的图形。

问题　八棱柱

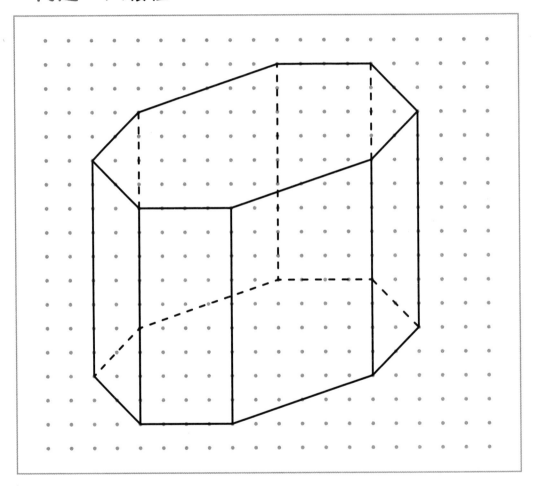

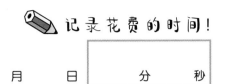

记录花费的时间！

月　　日　　｜　分　　秒

3分钟内完成（合格）2分钟内完成（天才）

解答栏

中级篇完成，给你点个赞！

请对照下图，在右页画出同样的图形。

问题　从正方体中横向切除长方体

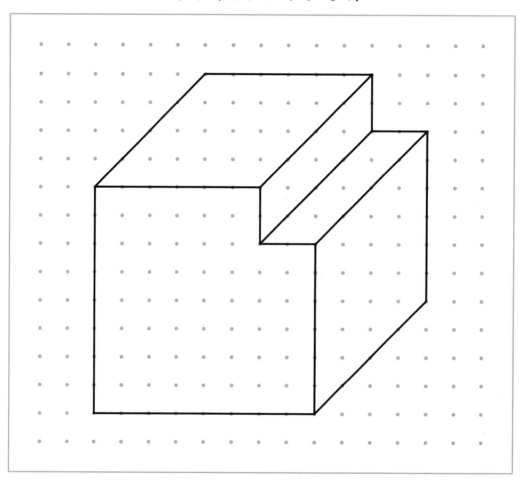

解答栏

你画对了吗？

41

请对照下图，在右页画出同样的图形。

问题　从正方体中纵向切除长方体

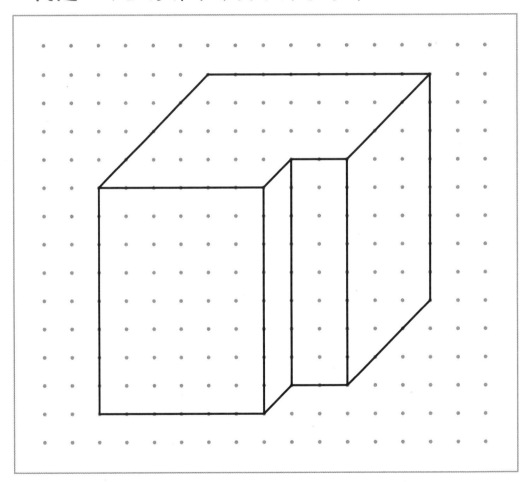

解答栏

你画对了吗?

请对照下图，在右页画出同样的图形。

问题　从正方体中横向切除长方体

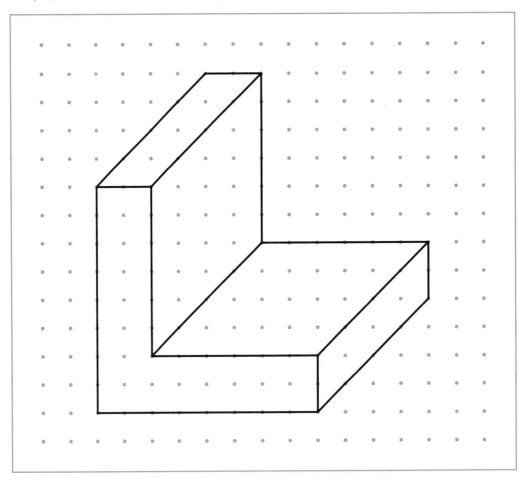

解答栏

你画对了吗?

请对照下图，在右页画出同样的图形。

问题 从正方体中纵向切除长方体

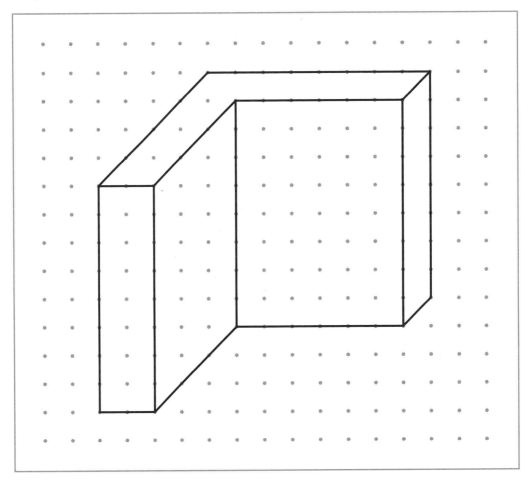

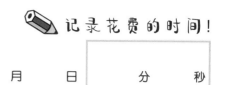
解答栏

你画对了吗?

请对照下图，在右页画出同样的图形。

问题　从正方体中横向切除长方体

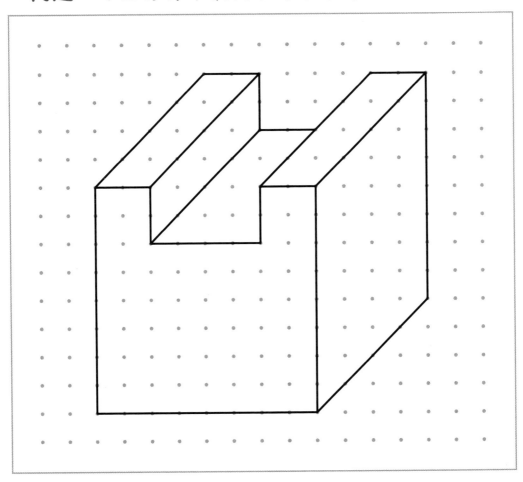

解答栏

你画对了吗？

49

请对照下图，在右页画出同样的图形。

问题 从正方体中纵向切除长方体

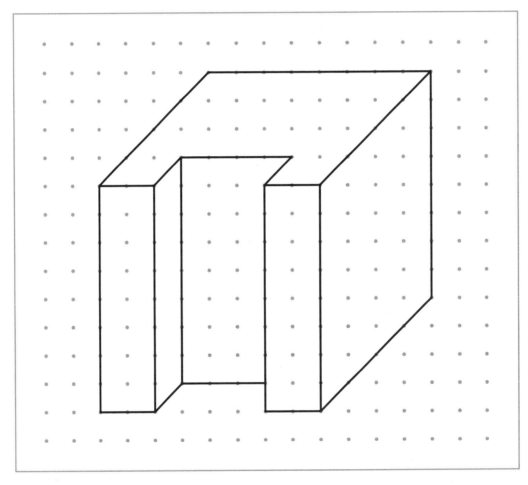

记录花费的时间！

解答栏

坚持，加油！

请对照下图，在右页画出同样的图形。

问题 从正方体中切除小正方体

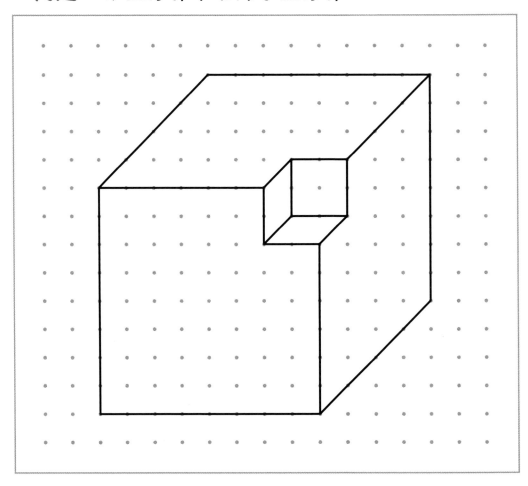

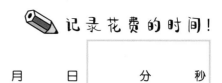

解答栏

你画对了吗？

请对照下图，在右页画出同样的图形。

问题 从正方体中切除正方体

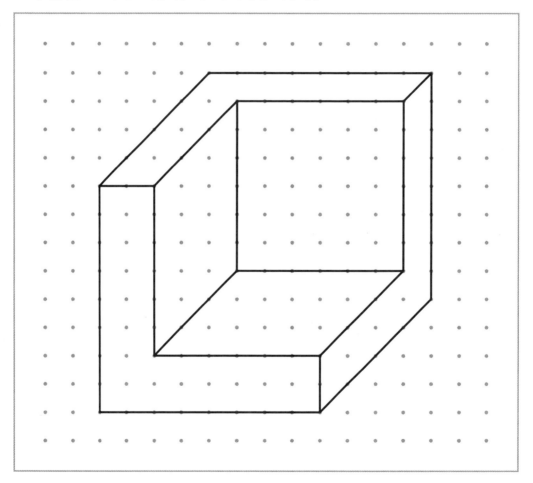

月　　日　　分　　秒

3分钟内完成 合格　2分钟内完成 天才

解答栏

你画对了吗？

请对照下图，在右页画出同样的图形。

问题　从正方体中切除 1 个三棱锥

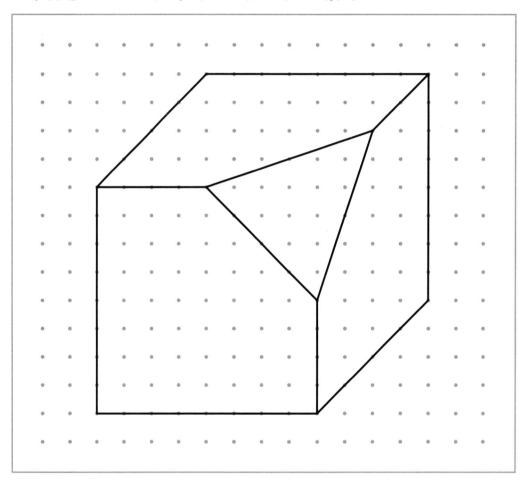

解答栏

你画对了吗？

请对照下图，在右页画出同样的图形。

问题 从正方体中切除 2 个三棱锥

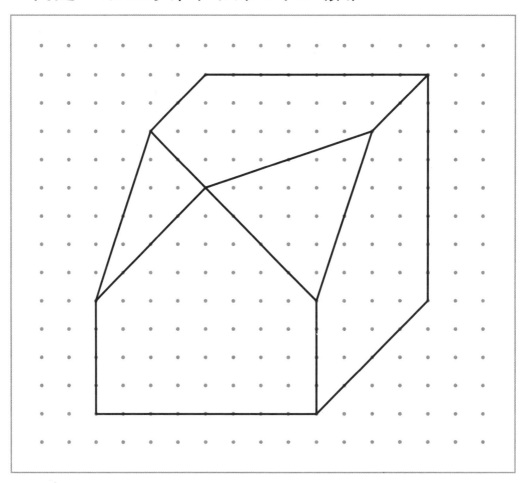

解答栏

接下来，终于到"天才篇"的挑战了！

请对照下图，在右页画出同样的图形。

（问题中的阴影部分，请用笔淡淡地涂出来。）

问题 正方体上过 A、B、C 三点截成的图形① （长方形）

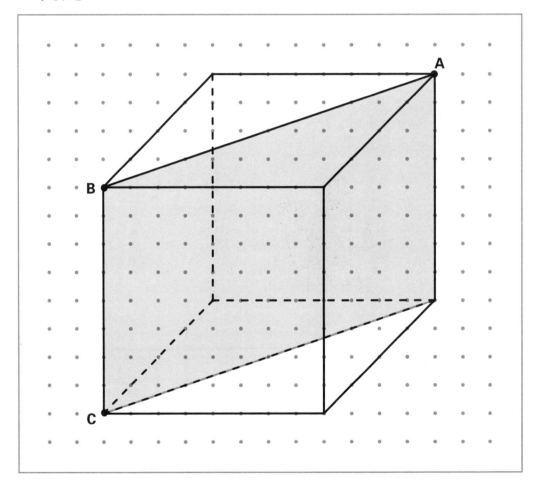

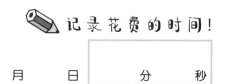

記錄花費的時間！

解答栏

你画对了吗?

请对照下图，在右页画出同样的图形。
（问题中的阴影部分，请用笔淡淡地涂出来。）

问题 正方体上过 A、B、C 三点截成的图形② （正三角形）

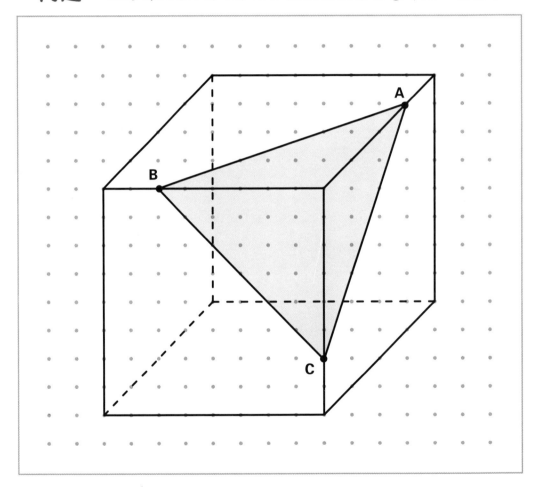

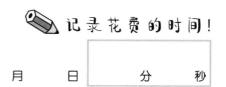

解答栏

你画对了吗?

请对照下图，在右页画出同样的图形。
（问题中的阴影部分，请用笔淡淡地涂出来。）

问题 正方体上过 A、B、C 三点截成的图形③（平行四边形）

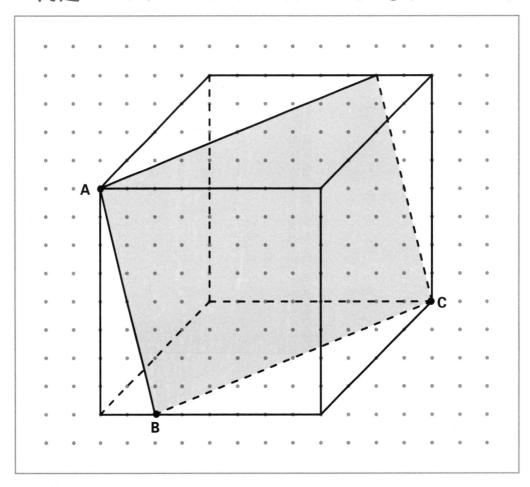

 知识点

两组对边分别平行
的四边形叫做平行
四边形

解答栏

你画对了吗？

请对照下图，在右页画出同样的图形。
（问题中的阴影部分，请用笔淡淡地涂出来。）

问题 正方体上过 A、B、C 三点截成的图形④（五边形）

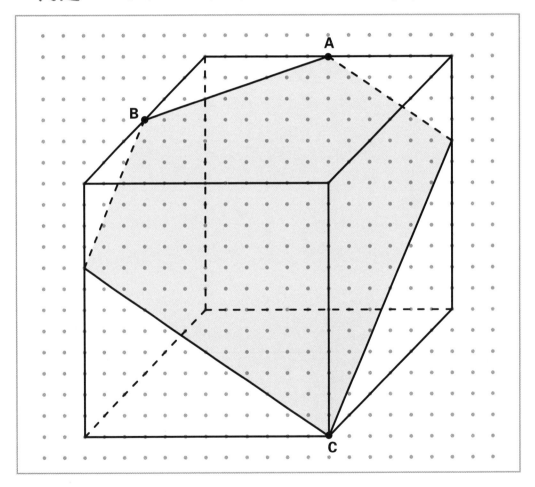

记录花费的时间!

| 月 | 日 | 分 | 秒 |

4分钟内完成 合格 3分钟内完成 天才

解答栏

你画对了吗?

请对照下图，在右页画出同样的图形。
（问题中的阴影部分，请用笔淡淡地涂出来。）

问题 两个正方体上过 A、B、C 三点截成的图形

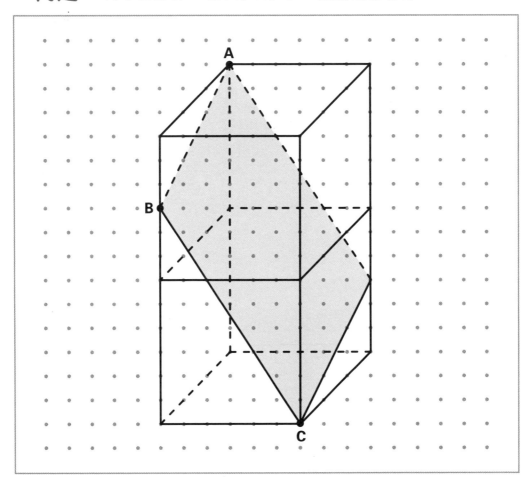

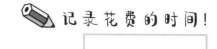
解答栏

你画对了吗?

请对照下图，在右页画出同样的图形。
（问题中的阴影部分，请用笔淡淡地涂出来。）

问题 三个正方体上过 A、B、C 三点截成的图形①

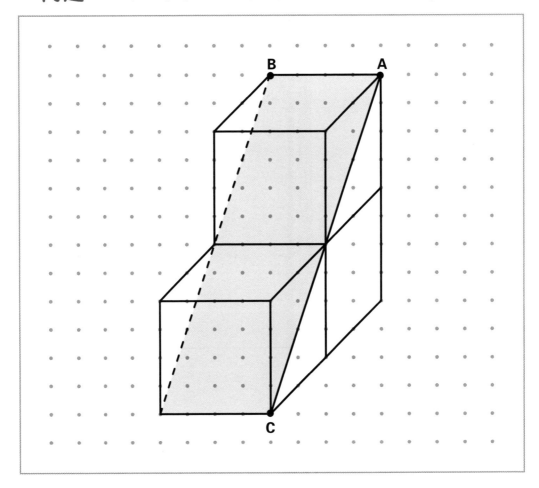

记录花费的时间！

月	日	分	秒

3分钟内完成 合格 2分钟内完成 天才

解答栏

你画对了吗？

请对照下图，在右页画出同样的图形。
（问题中的阴影部分，请用笔淡淡地涂出来。）

问题 三个正方体上过 A、B、C 三点截成的图形②

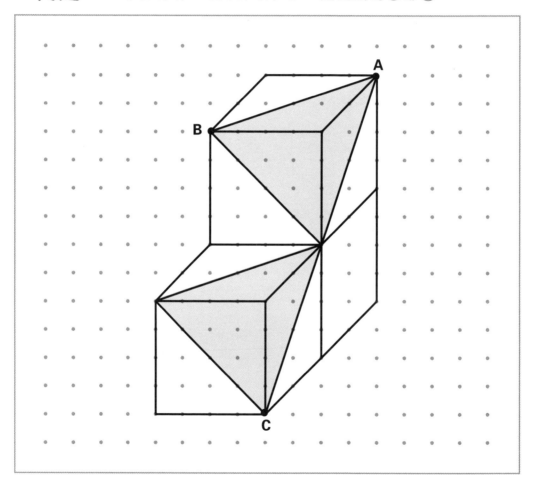

解答栏

你画对了吗?

请对照下图，在右页画出同样的图形。
（问题中的阴影部分，请用笔淡淡地涂出来。）
（※ 展开图位于第 113 页。）

问题 四个正方体上过 A、B、C 三点截成的图形①

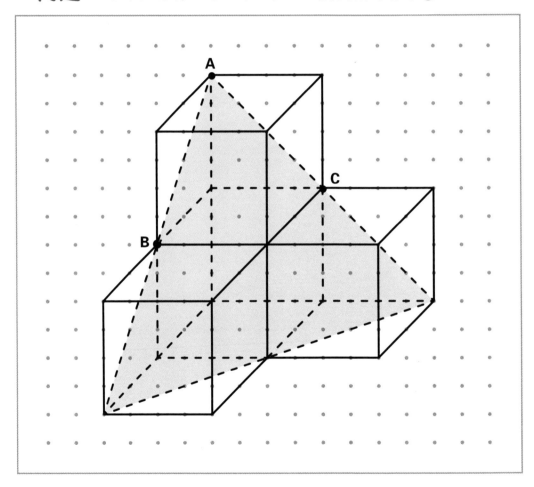

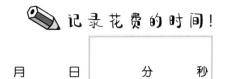
解答栏

你画对了吗?

请对照下图，在右页画出同样的图形。
（问题中的阴影部分，请用笔淡淡地涂出来。）
（※ 展开图位于第113页。）

问题 四个正方体上过A、B、C三点截成的图形②

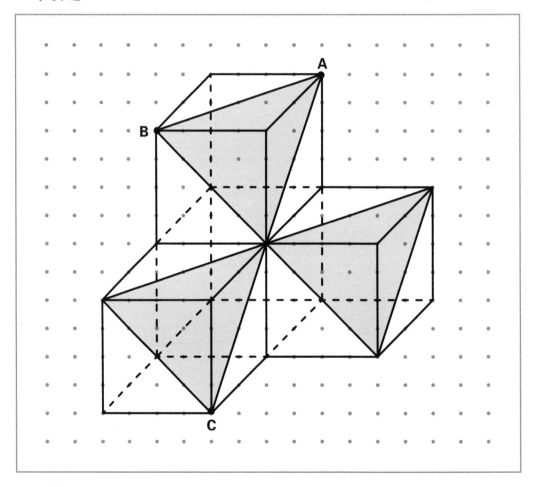

记录花费的时间！

月	日	分	秒

4分钟内完成 （合格） 3分钟内完成 （天才）

解答栏

你画对了吗？

79

请对照下图，在右页画出同样的图形。
（问题中的阴影部分，请用笔淡淡地涂出来。）
（※ 展开图位于第 113 页。）

问题 四个正方体上过 A、B、C 三点截成的图形③

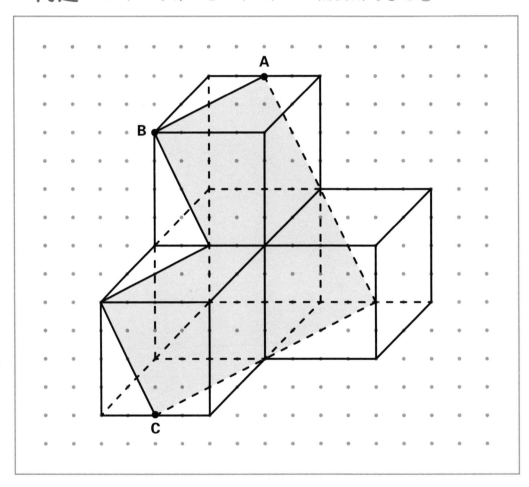

解答栏

准备好了吗？向"神童篇"出发！

如下图所示，在 ABCD 处放置一面镜子，那么镜子里也会显现出相应的立体图形。想象一下镜子里会是怎样的图形，画出来吧。

（提示）思考一下，镜外实物三棱锥的各个顶点，镜像中与之对应的点在哪里？可以假设镜子是无限大的。（答案→第 104 页）

问题　三棱锥①

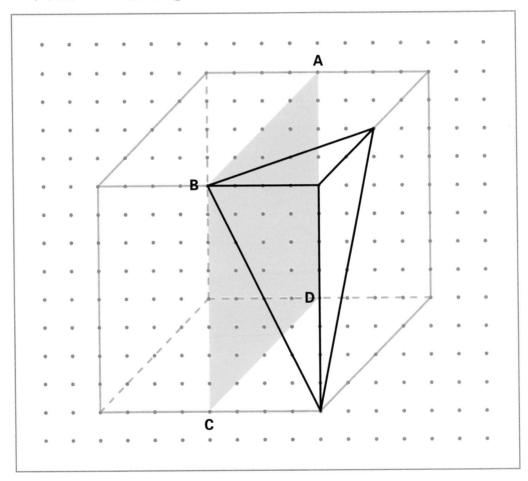

知识点

以实物与镜像的关系为例，物体相对于一个平面形成的对称叫做"镜面对称"。

镜子

✏️ 记录花费的时间！

月	日	分	秒

5分钟内完成 天才 3分钟内完成 神童

解答栏

没有思路的话，可以翻看答案临摹哦

85

如下图所示，在 ABCD 处放置一面镜子，那么镜子里也会显现出相应的立体图形。想象一下镜子里会是怎样的图形，画出来吧。

(提示) 思考一下，镜外实物三棱锥的各个顶点，镜像中与之对应的点在哪里？可以假设镜子是无限大的。（答案→第 104 页）

问题　三棱锥②

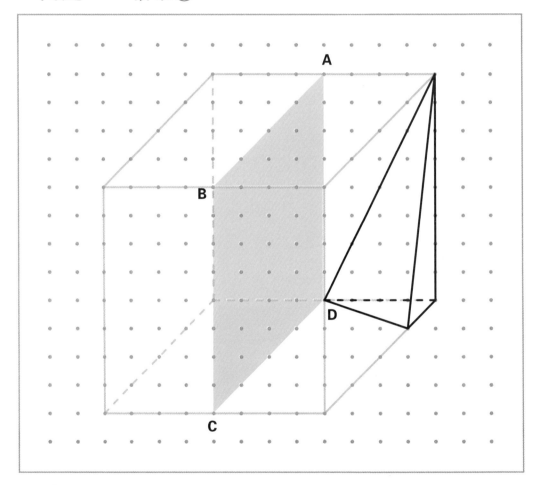

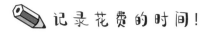

月　　日　　　分　　秒

5分钟内完成 天才　3分钟内完成 神童

解答栏

没有思路的话，可以
翻看答案临摹哦!

神童 **3**

如下图所示，在 ABCD 处放置一面镜子，那么镜子里也会显现出相应的立体图形。想象一下镜子里会是怎样的图形，画出来吧。（答案→第 105 页）

问题　侧面看是梯形的四棱柱

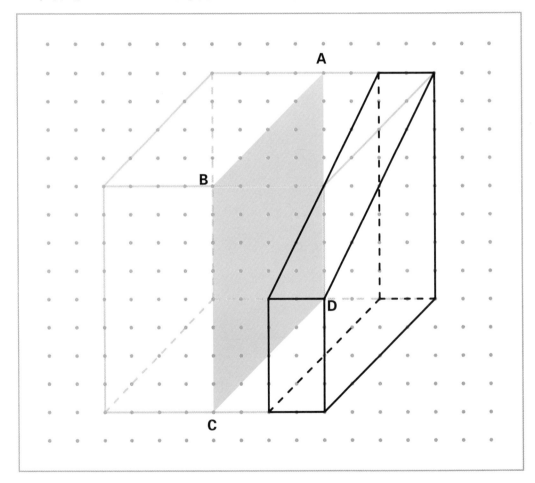

解答栏

没有思路的话,可以翻看答案临摹哦!

如下图所示，在 ABCD 处放置一面镜子，那么镜子里也会显现出相应的立体图形。想象一下镜子里会是怎样的图形，画出来吧。（答案→第 105 页）

问题　从长方体中切除长方体

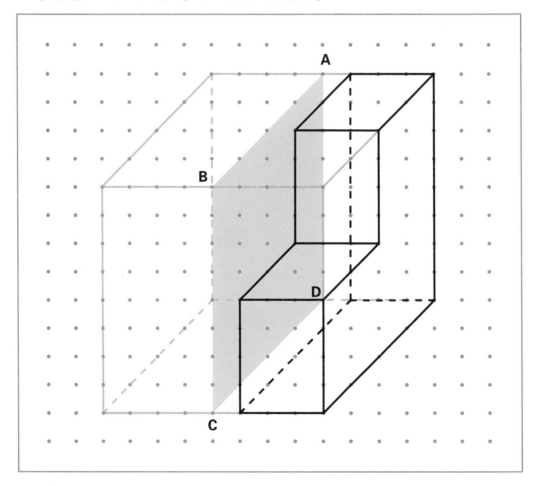

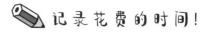
解答栏

没有思路的话，可以翻看答案临摹哦!

如下图所示，在 ABCD 处放置一面镜子，那么镜子里也会显现出相应的立体图形。想象一下镜子里是怎样的图形，画出来吧。（答案→第 106 页）

问题 侧面看是  形状的五棱柱

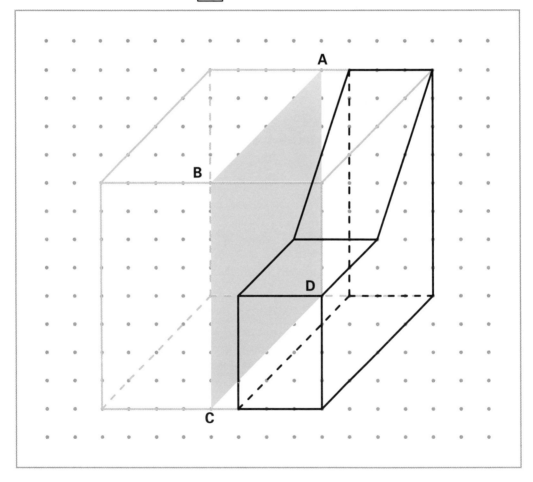

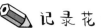
解答栏

没有思路的话，可以翻看答案临摹哦!

如下图所示，在 ABCD 处放置一面镜子，那么镜子里也会显现出相应的立体图形。想象一下镜子里会是怎样的图形，画出来吧。（答案→第 106 页）

问题 侧面看是 楼梯 形状的楼梯

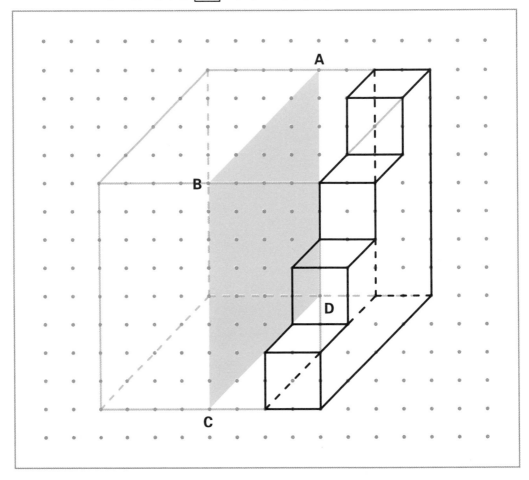

解答栏

没有思路的话，可以翻看答案临摹哦！

如下图所示，以线段 EF 为中心将图形旋转 180°。想象一下，画出来吧。

(提示) 思考一下，三棱锥的各个顶点都转动 180° 后分别在哪里？（答案→第 107 页）

问题　三棱锥③

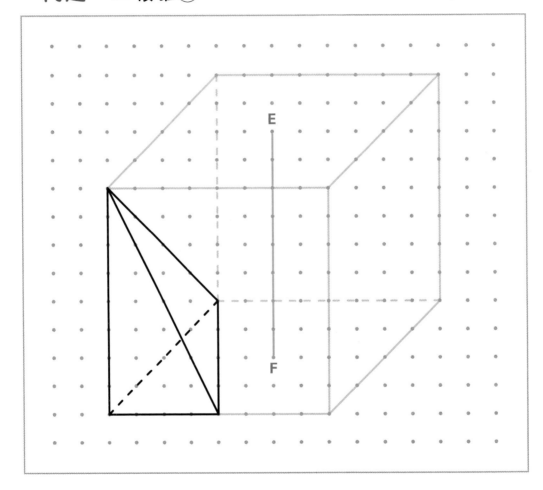

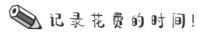
解答栏

没有思路的话，可以翻看答案临摹哦！

神童 8

如下图所示，以线段 EF 为中心将图形旋转 180°。想象一下，画出来吧。

(提示) 思考一下，三棱锥的各个顶点都转动 180° 后分别在哪里？（答案→第 108 页）

问题　三棱柱

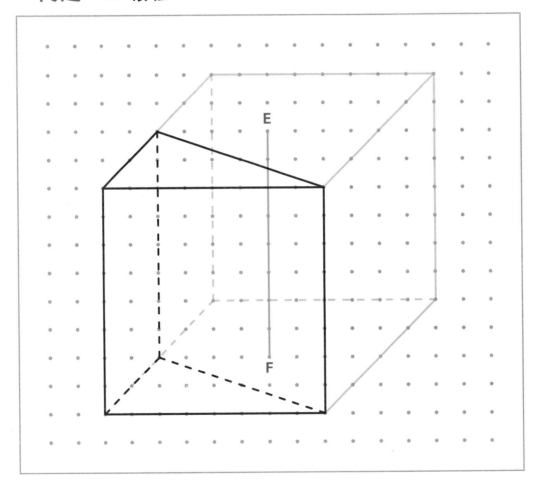

解答栏

没有思路的话,可以翻看答案临摹哦!

如下图所示，以线段 EF 为中心将图形旋转180°。
想象一下，画出来吧。（答案→第109页）

问题　从长方体中切除长方体

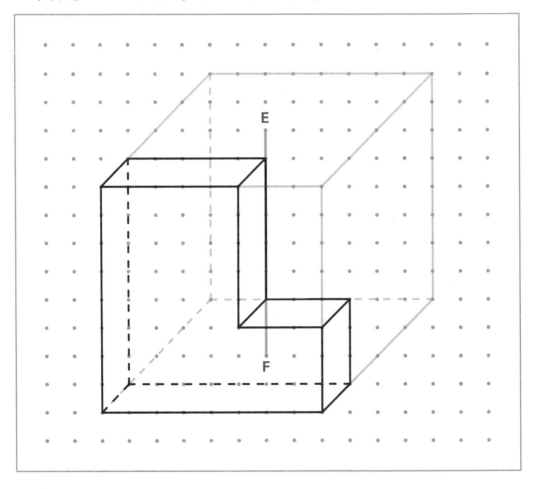

解答栏

没有思路的话，可以
翻看答案临摹哦!

如下图所示，以线段 EF 为中心将图形旋转 180°。
想象一下，画出来吧。（答案→第 110 页）

问题　7 个堆积的正方体

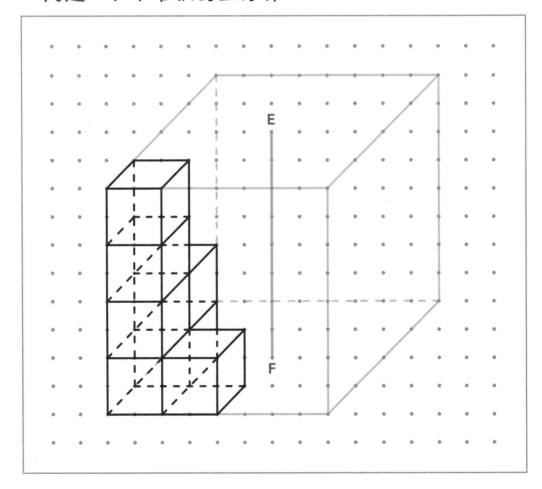

解答栏

全部完成啦，你真是棒棒的！

神童 1

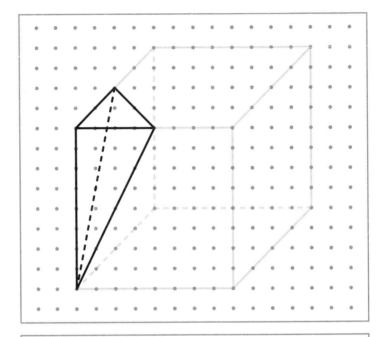

神童 2

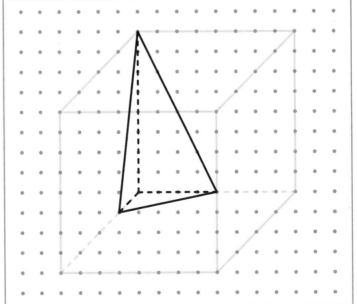

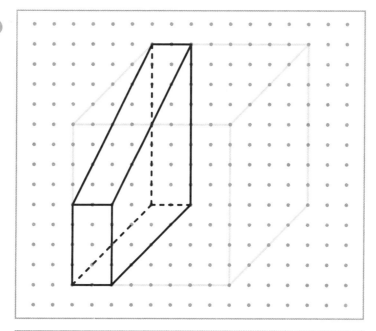

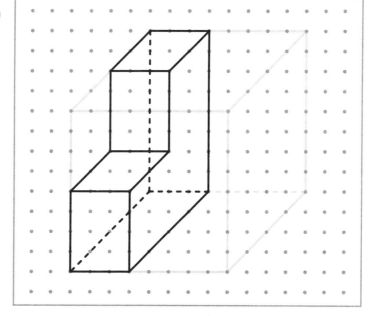

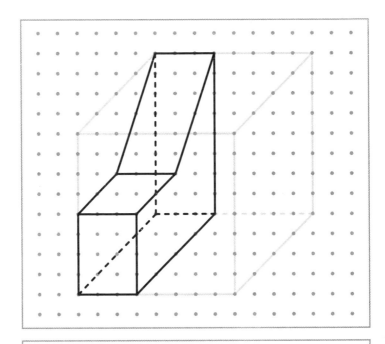

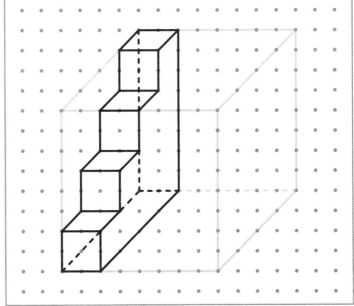

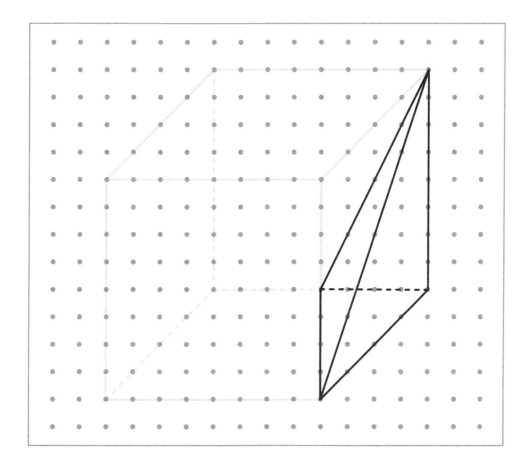

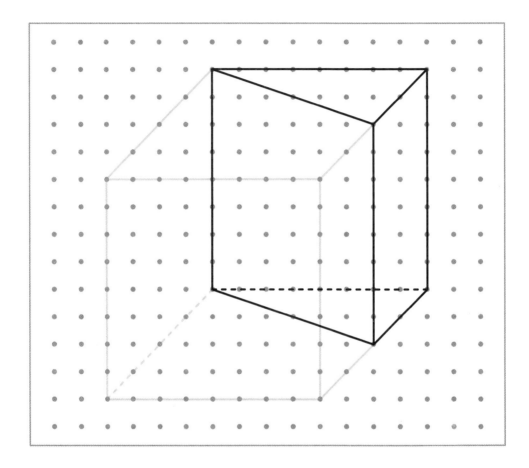

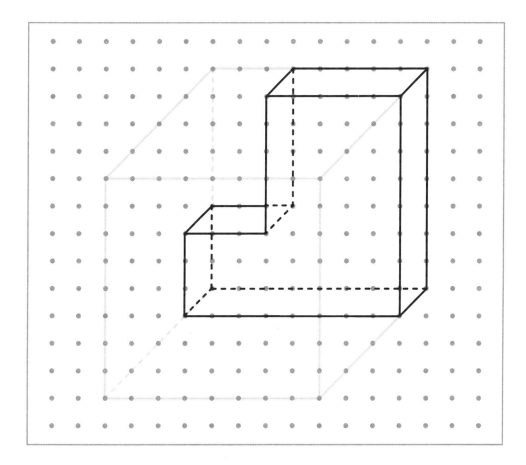

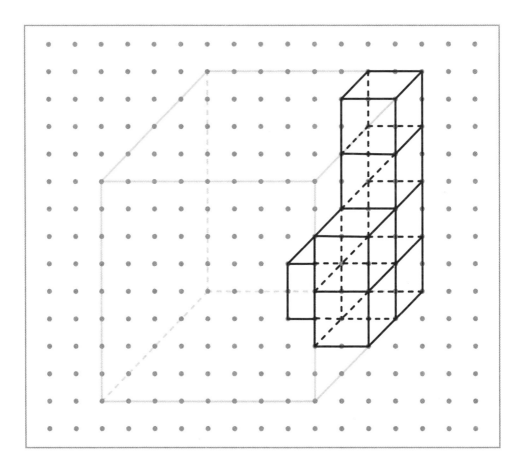

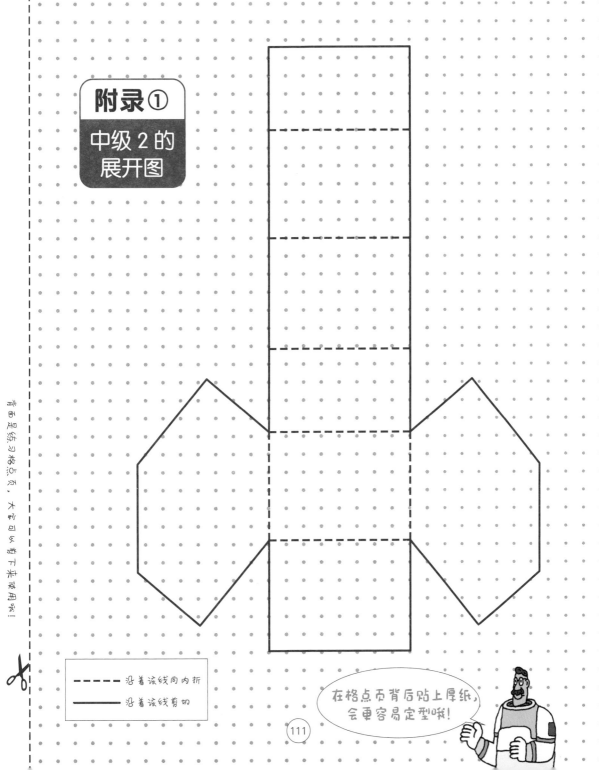

附录①
中级 2 的展开图

- - - - - 沿着该线向内折
—————— 沿着该线剪切

在格点页背后贴上厚纸，会更容易定型哦！

背面是练习格点页，大家可以剪下来使用哦！

A

B

C

D

背面是给习格点页。大号可以剪下来使用啦！

天才8、9、10由4个正方体组成。
①为了更容易剪切，展开图省略
了胶水粘贴位置。推荐大家使用
胶带纸进行粘贴。
②组合的时候，请想象一下哪条
边和哪条边会粘在一起。
比如：A和B，C和D

- - - - - 沿着该线向内折
- · - · - 沿着该线向外折
———— 沿着该线剪切

在格点页背后贴上厚纸，
会更容易定型哦！